跟着做

零失败

理想·宅 编

家居墙面设计提案

U0264477

化学工业出版社

·北京·

编写人员名单：（排名不分先后）

叶　萍	黄　肖	邓毅丰	张　娟	邓丽娜	杨　柳	张　蕾	刘团团	卫白鸽	郭　宇
王广洋	王力宇	梁　越	李小丽	王　军	李子奇	于兆山	蔡志宏	刘彦萍	张志贵
刘　杰	李四磊	孙银青	肖冠军	安　平	马禾午	谢永亮	李　广	李　峰	余素云
周　彦	赵莉娟	潘振伟	王效孟	赵芳节	王　庶				

图书在版编目(CIP)数据

家居墙面设计提案 / 理想·宅编. —北京：化学
工业出版社，2016.4
（跟着做零失败）
ISBN 978-7-122-26242-4

Ⅰ．①家… Ⅱ．①理… Ⅲ．①住宅-墙面装修-室内
装饰设计 Ⅳ．①TU767

中国版本图书馆CIP数据核字（2016）第024588号

责任编辑：王斌　邹宁　　　　　　　　装帧设计：骁毅文化

出版发行：化学工业出版社(北京市东城区青年湖南街13号　邮政编码100011)
印　　装：北京瑞禾彩色印刷有限公司
710mm×1000mm　1/12　印张12　字数250千字　2016年3月北京第1版第1次印刷

购书咨询：010-64518888 (传真：010-64519686)　　售后服务：010-64518899
网　　址：http：//www.cip.com.cn
凡购买本书，如有缺损质量问题，本社销售中心负责调换。

定　　价：49.00元　　　　　　　　　　　　版权所有　违者必究

目录 CONTENTS

目录 CONTENTS

照片墙

　　照片墙有很多种叫法，有人叫相框墙，也有人叫相片墙，或者背景墙之类的。家居中的照片墙则帮你展现出这些承载着家庭重要记忆的照片，可以用画框装饰照片挂在墙上，门、衣柜等也可以成为展示照片的"主题墙"。形式各样、用料丰富的各式主题照片墙正成为居室装饰中最能体现个性的地方。

照片墙让家居风格更明显

　　每种家居风格都有自己的特点，欧式的奢华，现代的时尚，田园的悠闲，中式的端庄，而照片墙的设置，可以让这种风格体现得更为明显。少量大幅西方油画的照片墙，可以增加欧式家居的古典与华贵感；规则式矩形黑白照片的拼合，让现代风格家居更有设计感；而风景照、景物照组成的照片墙则为田园风格家居增添了绿意与生机；温馨的家庭照则是现代中式家居中举足轻重的元素。

　　1.以植物为题材的照片墙，可以让家居田园风格更加浓厚与自然。

　　2.利用一幅幅小型油画装裱为照片墙，浓浓的欧式风情立即扑面而来。

　　3.西方神话故事中的主人公也常常是欧式家居照片墙的题材，使家居神秘而具有文化气息。

1.地中海风格的室内，照片墙也应该以蓝白为主，可以更好地体现主题。

2.一系列矩形照片不规则地排列组成照片墙，简洁而又大方。

3.以人脸的局部图作为照片题材，夸张而时尚，让现代气息更加浓厚。

4.黑白色调的照片简洁但富有情调，十分适合现代简约家居。

1.风帆海浪的照片极具有张力，让室内空间充满现代、青春的气息。

2.灰色的几何形体与建筑让照片墙规整而肃穆，彩色梦幻的小照片又为空间增添了几分活力。

3.黑白色调的建筑风景图片本身就具有一股时尚气息，是现代家居照片墙中常用的题材。

4.灰色带彩的照片墙别具一格，让空间明亮而富有韵味。

5.黑白色调的明星照片可以为家居增添艺术气息，是现代家居不错的选择。

1.金色的镶边明亮而尊贵，与奢华的欧式风格家居十分搭配。

2.宽厚的木色镶边、精致的植物标本，让家居自然而富有韵味。

3.白色的镶边与米色的图案搭配，别具一番风味，与白色的造型桌椅十分协调。

4.铂金或镀银的相框是欧式家居中永不落伍的照片装裱形式，奢华又大气。

5.规则式照片墙与线条式桌椅搭配，简单而又不失时尚。

选择合适内容的图片，让照片墙更具风情

图片的选择直接决定了照片墙的整体面貌与风情。编织物品照、手工艺品图片可以使照片墙更具民族风情；蓝白的色调充满浓浓的地中海风情；椰子树、海浪、教堂的照片墙让人仿佛置身宗教味十足的泰国；而笑脸、搞怪表情的照片使墙体也洋溢的青春的气息；若想打造打造高贵的艺术气息，则西方油画必不可少。总之，照片墙的风格与图片内容息息相关，想要营造令人满意的照片墙风格，图片的选择至关重要。

1.利用明星艺术家的古典美照装点单一墙面，丰富了视觉景观，让空间更富古典韵味。

2.选取世界著名景点的图片，以光亮的金属系相框装裱，让沙发背景墙异国风情十足。

3.实木装饰的墙壁上，装裱了多幅复古风格的图片，让空间更古朴而自然。

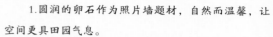

1.圆润的卵石作为照片墙题材，自然而温馨，让空间更具田园气息。

2.辽阔美丽的田野、恬静安逸的风景与惬意的人像，都让家居空间更加自然又富有生机。

3.使用木质相框装裱风景画，简单而自然，营造出足不出户遍赏天下景的家居氛围。

4.黑白照片带给人纯洁的艺术感，让家居更显干净自然。

1.西方画形式的画像与欧式家居完美融合，打造出中西合璧的家居氛围。

2.极具古朴气息的照片墙，可以为居室带来历史感与文化气质。

3.抽象画为主题的照片墙，与编织木质的桌椅搭配，现代而又自然。

4.手工艺品与简单图片组成的照片墙，清雅大方，提升了客厅品质。

1.照片墙图案简单但很具有设计感，黑色木质相框与实木壁墙搭配，让空间更加自然。

2.选择植物标本为照片墙题材，搭配实木相框，自然而规整，又充满了生命气息。

3.两张简单的羽毛陈列图片，构成照片墙的主题，简洁中让人感受到生命的魅力。

4.餐厅旁的照片墙，也是家庭成员的成长记录，一点一滴见证时间的印记与家庭和睦的幸福。

1.矩形的照片摆放随意而又整齐，与灰色墙体搭配，彰显时尚魅力。

2.艺术品题材的照片墙，可以提高居室品位，让家居空间充满艺术气息。

3.橙黄色调的卧室热情温暖，搭配五彩的花艺图片再合适不过。

4.简笔公主画是女儿房中照片墙最适合的内容之一，清新又浪漫。

5.米老鼠等卡通人物图作照片墙，简单但富有情趣，十分适合儿童房。

1.黑白搭配是亘古不变的潮流，搭配灰色淡纹壁纸，更显时尚。

2.随意而简单的画风为卧室增添了许多趣意，可爱又不失大方。

3.以新人的婚纱照为题材定制照片墙，让家居浪漫而温馨。

4.在黑白色调的卧室中，照片墙必然也是黑白色调，艺术又时尚。

5.一系列相同风格的图片，整齐而规则地悬挂形成照片墙，别具一番风味。

变换照片装裱形式，打造百变照片墙

照片的装裱形式对照片墙的整体呈现起着重要作用。实木装裱古朴而自然；塑质装裱造价低，但效果好；铂金装裱奢华而精致，更能衬托主人的身份与品位。宽厚的照片框更具有质感，一般与内容简单的照片搭配，也作为观赏的主体；较窄的照片框则搭配内容较为精致的图片，作为照片的衬景；而无框照片更简洁、干练，富有现代艺术感。

1.选用两种形式的照片装裱形式，以区分照片的不同风格，恰当的颜色搭配又使其协调统一，融为一体。

2.造型夸张、艺术气息浓厚的图片，搭配不同形状大小的装裱相框，十分具有张力。

3.一组清新温暖的图片可以为整个客厅增添许多生机，让家居生活更加惬意。

4.沙发背景墙中陈列装裱精致的画作，既是装饰，也具有展览性质，一举两得。

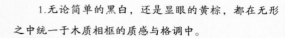

1.无论简单的黑白,还是显眼的黄棕,都在无形之中统一于木质相框的质感与格调中。

2.一组无框的连续画作,反而因彼此之间的留白而更具风情。

3.照片墙中相框都较为宽厚,有的还呈现窗棂状,搭配实木的墙体装饰,十分自然,别具风味。

4.简单的一组婚纱照就可以让整个客厅洋溢着甜蜜与幸福。

　　1.黑白灰三种装裱颜色搭配和谐而又富有设计感，随意而自然，为家居生活增添了小资情调。

　　2.当一面照片墙中存在多种装裱形式时，最重要的是主次分明而又和谐统一。

　　3.规则的矩形图片整齐而又自然地摆挂在一起，为奢华的欧式餐厅增添更多风情。

　　4.精致而简洁的图框，颜色丰富而和谐，独具一种美感。

1.一组划船的先后动作图连贯而流畅，宽边的黑色相框又为其增添了无限魅力。

2.房内两面墙中照片装裱形式不同，视觉效果也截然不同，一面突出图片，一面与图案共同构成观赏体，但都统一于清新淡雅的室内风格中。

3.在洁白毫无装饰的墙面中，照片墙的风格也应尽量简洁明亮，与周围大空间的风格统一。

4.选用不同实木雕花相框共同组成一个整体，精致而厚重，体现主人对细节与品质的追求。

造型多样的照片墙适用于
多种家居空间

照片墙内容丰富，造型多样，设计上也更容易表现主人的能动性，适合应用于各种家居场所，客厅、走廊过道、餐厅、卧室等等。其中，电视背景墙与沙发背景墙是客厅中照片墙应用最广泛的墙体。照片墙的运用可以打破空白墙体的单调，调和家具、装饰与墙体的比例关系，可以避免空间过于空旷，为居室增添灵性与温馨，且性价比较高，选择范围广泛，是居家装饰的好元素。

1.在客厅打造一面以主人婚纱照为主题的照片墙，可以让空间充满温暖与浪漫。

2.在砖饰复古墙面上，悬挂一副拥有众多老照片的大相框，古朴气息立即扑面而来。

3.无框艺术画本身就具有浓厚的艺术感，再搭配一束实体花卉，图与物相呼应，温馨感十足。

4.将两幅水仙画置于沙发背景中，顿时提升了客厅的高雅气质。

1.沙发背景墙中，以简洁的相框展示蜗牛壳体的不同形态，别具一格。

2.简洁的黑白画是客厅照片墙永不落伍的装饰。

3.鲜花油画、风景画都让餐厅的田园气息更加浓厚。

4.简洁又抽象的图片符合现代家居的风格，放置在餐厅，可以营造轻松的餐桌氛围。

5.大幅长卷家庭照组成的照片墙为客厅增添了许多温暖与爱意。

1.西方艺术画既可以装饰单调的画面，又让进餐氛围更加高雅。

2.采用金属相框装裱绚丽图片，靓丽的照片墙使空间优美又时尚。

3.在卧室的一角打造一面纯洁又高雅的照片墙，可以为整个卧室增光添彩。

4.采用现代抽象画点缀床头背景墙，令卧室呈现出艺术的氛围。

5.不同品种的蝴蝶标本悬挂墙面，为餐厅增添了勃勃生机。

1.大小不同的正六边形图片完美融合，与门体图案互为呼应，造型独特，品位非凡。

2.蓝白搭配可以营造宁静安谧的氛围，设计为卧室照片墙主调，再合适不过。

3.木质相框厚实而具有质感，再选用内容梦幻浪漫的图片，可以让女童的房间温馨又富有童话色彩。

1.逼真的艺术肖像画搭配生机勃勃的鲜花，令空间别具一番风味。

2.一系列大幅艺术画打造成吧室照片墙，可以带来欢快的氛围与放松的体验。

3.白墙黑框，是现代简约家居中最常见又毫不落伍的搭配。

4.照片与工艺品相组合，让餐厅过道洋溢着满满的青春气息。

1.软装墙体中，悬挂几幅艺术画，便可以迅速提高空间品质。

2.编织布与家庭照光彩夺目，将楼梯空间装点得十分温馨。

3.复古的牛皮纸，灰色的建筑物，都让家居氛围更加自然而随和。

4.银色方形照片整齐排列在鞋柜上方，简洁而大方，与周围环境融为一体。

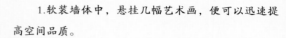

多种装饰品结合，可以使照片墙更丰富

　　照片墙的设计上，不仅可以采用多种照片组合的方式，还可以适当地与其他饰品相结合，如灯饰、挂件、手工艺品等等，更能突出照片墙的主题。特别是在表现民族风情的照片墙上，增添一些民族特色饰品，如编织物、丝巾等小物件，效果会更为突出。而在家庭主题的照片墙上，添加一些能引起主人共同回忆的饰品，氛围会更为温馨。

　　1.金色的装裱框与铂金浮雕镜子相互呼应，共同融入高贵奢华的欧式客厅中。

　　2.简单的装裱，简洁的画风，代表着田园家居对自然与心灵放松的追求。

　　3.此面照片墙不仅以图案取胜，装裱方式、饰品等均具亮点，将沙发背景装点得自然而又惬意。

　　4.相框中花儿绚丽逼真，与客厅中摆放的真实花束相互呼应，效果更为抢眼。

1.照片墙装裱简单但精致，选择的图片也十分具有意境，令人心胸豁达，仿佛身居家室也能接近自然。

2.单色墙体上选用黑色画框装裱空白画，独特而新颖，同时又具有观赏效果，十分别致。

3.美丽的画作成为整齐装裱的墙面的点睛之笔，与壁纸既分离又浑然一体，为整个客厅增添了生机。

4.高端大气的艺术画与高雅精致的壁纸搭配，点点滴滴的细节都体现出主人对品质的追求。

1.过道墙中,白色相框与墙体融为一体,似有似无,一组小幅的图片让整个过道风情十足。

2.实木相框搭配古朴而自然的图片,让餐厅弥漫着浓浓的自然气息。

3.照片墙与饰品墙相结合,共同营造了活泼向上的居室氛围。

4.细致入微的建筑设计图也可以作为照片墙的题材,搭配精美的壁灯,别致而具有内涵。

5.黑白色调的照片搭配奢华高端的壁纸,彰显出家居的非凡品质。

1.铜色的图框搭配古香古色的照片，古朴而自然，为整个空间增添了文化的厚重感。

2.白色的墙体、深色与银色相间的相框以及精致的画作，完美细节中彰显家居品质。

3.无框画真实而富有艺术感，没有画框的束缚，也使整面照片墙干净利索。

4.美轮美奂的图片，纯洁无瑕的白色相框，与粉色浪漫的居室氛围极为融洽。

5.通过同样风格的照片，将照片墙与桌子融为一体，而桌子上摆放的装饰器皿则为空间增加了观赏视点。

巧妙利用照片的不同组合方式，
令照片墙更具视觉效果

在照片墙中，照片的组合方式丰富多样，或自然或规则，或组成一定的形状，十分灵活，所营造的效果也大为不同。自由组合随意而自然，营造出轻松愉快的空间氛围；而规则式组合则更有秩序，让居室更显时尚与整洁。照片的组合方式，应根据室内风格来确定，确保照片墙与其他场所家居的风格一致，具有整体性。

1

1.将不同颜色的矩形画框垂直自然悬挂，会呈现随意而不失整齐的效果。

2.将扑克牌样式的图片规则排列悬挂，也可以打造出整齐、利索的客厅风格。

3.大小不同、疏密有异的悬挂方式，让照片墙更自然，居室氛围也更加活泼。

2

3

1.规则式排列的照片墙可以使客厅显得更端庄稳重，同时不会因为太显眼而喧宾夺主。

2.矩形画框组合的可塑性非常高，可根据自己喜好，营造出不同的风格。

3.重复的照片，但通过变换大小与相框颜色，也可以呈现完美而特别的视觉效果。

4.在照片组合中，不仅要注意不同大小照片的组合方式，也应该注意不同色调照片间的组合。

1.照片的不规则摆放为深色调的家居空间增添几分活泼与自由感。

2.图片的数量不代表照片墙的美观程度，有时候，寥寥几张图片便可将空间装点得可圈可点。

3.无框照片更显随意与自然，营造出清新爽朗的卧室氛围。

4.绿色植物图片为题材的照片墙为客厅带来了生机，规则的排列方式与银色画框则体现了完美的家居品质。

1.装裱一致、风格相同的系列水果油画为冷色调餐厅增添了温馨与活力。

2.本餐厅中的照片墙极富设计感，内容张扬而富有活力，为餐厅增添了时尚感。

3.合理的照片墙设计，让狭小的空间也充满着温馨与浪漫。

4.暖色调的餐厅照片墙中，不仅照片内容应该温馨积极，相框也应该适当选用暖色调。

1.不同颜色、大小、图形的画框，可以为照片墙带来丰富的视觉效果。

2.金色装裱的婚纱照既彰显了浪漫，又提升了居室品质。

3.深色照片为餐厅带来厚重感，让空间氛围更加温馨。

4.宽窄不同的图框通过随意而又科学的搭配，营造出层次分明又混为一体的墙体风格。

手绘墙

手绘墙来源于古老的壁画艺术，摒弃画框装饰的生硬与造作，将一幅幅流动、立体的画面定格在墙壁上。图案选择的多样性也为家居装饰打上了个性化标签。植物图案居墙面手绘图案流行之首。绿色植物、海草、贝壳、芭蕉、荷花等都成了手绘墙的宠儿。这种风格恰似女性的娇柔，讲究层次感，强调用夸张的颜色和线条来表现。可爱的动物或几米风格的漫画也可搬上墙面，这已成为年轻女性的最爱。这种风格多用线条勾勒出男女主角的形象，颜色以浅色为主。如选用卡通图案，可以出现在角落、低矮处，可突出创意，以假乱真。

手绘墙让家居更活泼自然

手绘墙来源于古老的壁画艺术，摒弃画框装饰的生硬与造作，将一幅幅流动、立体的画面定格在墙壁上。图案选择的多样性，使手绘墙的形式与内容十分丰富，也为家居装饰打上了个性化标签，让居室氛围更为活泼自然。特别是近年十分流行的植物手绘，更是让绿意与春天常驻家中，十分亲民。

1.手绘花果树线条简单自然，与真实的花束组合，效果逼真，使空间氛围活泼起来。

2.在餐桌旁设计一面清新的手绘墙，可以营造更好的就餐氛围。

3.写意风格的海岸沙滩，搭配古朴的家具，使整个空间弥漫着轻松自然的气息。

1.海洋生物手绘墙，搭配同样风格的窗帘，让儿童房充满了童趣。

2.以黄色为主色，略带童话色彩的手绘墙，为女孩房带来温馨与浪漫。

3.可爱的动物是儿童房手绘墙永不过时的题材，既美观，又可以为儿童带来欢趣。

4.墙体上丛丛向日葵向着阳光开放，蝴蝶翩翩，让简单的装修也变得精致可人。

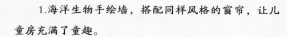

1.墨绿色的墙漆，白线勾勒，十分具有情调与韵味。

2.黑白颜色与室内色调一致，抽象的画风则使居室更加时尚。

3.红瓦白墙，青山依傍，田野丰沃，一派安静祥和之气，精致的手绘墙让人在室内也感受得到大自然的魅力。

4.不需要浓墨重彩的精细绘制，即使是再简单的图案，只要运用得当，也可以让居室氛围立显轻松与活泼。

1.红色古建手绘墙，搭配仿旧木梯，给单调的房间增添了可视景观。

2.逼真的花鸟画搭配文化气息浓厚的瓷盘、花瓶等，让室内空间更加雅致。

3.以绿色为主调的房间里，仿佛清新的森女正在走来，让厨房也变为田园。

4.简洁但绝不简单，清新淡雅的手绘使家居生活更加雅致。

5.漫画题材的手绘墙总是充满了青春与浪漫，让人也跟着年轻起来。

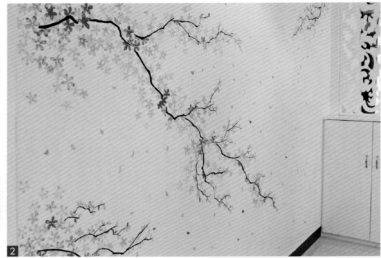

1.里外两面手绘墙风格一致，连贯流畅，让人产生仿佛身在原野的错觉。

2.传统梅花为题材的手绘墙本身就带有优雅的韵味，而大面积的粉色又让居室充满浪漫情调。

3.有水有城堡，还有迎风开放的朵朵鲜花，童话般的手绘墙营造出轻松梦幻的空间氛围。

4.手绘墙图案虽少，但精致优美，逼真动人，仿佛春天常在。

5.中式家居中，绘制牡丹图案既应时应景，又可以添加高雅气质。

1.墨竹配题字，一股中国风扑面而来。

2.本面手绘墙虽然图案并不复杂，但是花朵形态丰富，初花期、盛花期、含苞待放等全部囊括，变化丰富。

3.中国风的手绘墙可以让中式风格的家居更具有韵味，文化气息也浓厚起来。

4.牡丹与桃花争相开放，鸟儿飞上枝头，孔雀闲散漫步，精致的手绘使人产生走在花园的幻觉。

5.墙上绘制小树苗，墙角放置小水壶与靴子，使手绘效果真实又自然。

新颖而美观的手绘墙让客厅更出彩

手绘墙的环保、美观让其经常出现在客厅中，常常是选择一面比较主要的墙大面积地绘制，通常为沙发背景墙或者电视背景墙，作为家里的主要装饰物出现。高大挺拔的树枝、酷感十足的几何造型，都会给访客带来非常大的视觉冲击，效果非常突出。此外，也可在恰当的地方小面积地绘制，精致小巧，令客厅更出彩。

1.白色的文化石上点缀手绘红梅，令客厅呈现出一片勃勃生机。

2.别出心裁地利用绿色小苗手绘装饰电视背景墙，趣意盎然，使氛围更加活泼。

3.葱郁丰富的植物手绘墙，使沙发背景墙不再单调，使家居充满了生机与活力。

4.以蓝色为背景，浅木色绘制图案，既大方美观，又与周围景观融洽和谐，混为一体。

1.以线条简洁流畅、简单而大方的图案作为衬景装饰墙体，既不会喧宾夺主，又具有非常好的可视性。

2.荷花既是传统名花，又具有出淤泥而不染的高洁品质，作为客厅手绘墙，可以增加高雅气质。

3.此面手绘墙不仅图案精致，且构图用色等十分完美，将美观衬托功能发挥到极致。

4.以粉色为主调，花朵为主题，使客厅温馨又活泼。

5.手绘墙的形式丰富，可塑性强，可以根据电视的摆放位置合理绘制，发挥最大的美观效果。

1.小叶疏离，花朵掩映，一枝手绘花枝将电视背景墙变得丰富而充满生机。

2.泼墨的手法使图案自然且具有张力，十分具有创造性，让整个空间富有设计感。

3.有时，手绘墙的图案不必过于复杂，只要富有特色，符合家居的整体风格，就是最适合的。

4.以白色为背景，手绘叶子的形状与纹理十分清晰，整体风格淡雅清新，生动而自然。

1.配合其他家居风格，以蓝色为主调、大海为题材设计的手绘墙清新浪漫，使室内呈现一派海岸花香的景象。

2.电视背景墙以海滨风景手绘装饰，大海的浩阔令客厅十分大气。

3.手绘墙简易但效果突出，三支花束便使单调的白墙充满了韵味。

4.手绘墙笔法流畅，线条圆润曲滑，十分优美，为家居生活带来高雅自由的气息。

利用手绘营造温馨又充满生机的卧室氛围

卧室是家庭居室的重要场所，关系到人们睡眠休息的质量。在营造温馨浪漫舒适的卧室氛围时，手绘墙有着其独特的魅力，深受国内外年轻人与儿童的喜爱。手绘墙可以增添活泼的情趣，国内外动画片中的各类动物是儿童房手绘壁画的主角，而维尼熊又是其中的领衔主演。在拥有手绘墙的卧室中，既能畅想王子公主的美好爱情，又能感受动物家族的生活乐趣，留给喜欢幻想的孩童们想象的空间。

1.仅在白色墙体上简单地绘制一棵向日葵，就让卧室充满了阳光与生机。

2.粉色的墙壁上，一只五彩的蝴蝶翩翩飞舞，无需其他装饰，就足够自然、浪漫。

3.金色的水杉林郁郁葱葱，一派秋季的美丽景象，让卧室也如初秋般迷人。

1.花枝摇曳招展，花儿随风微荡，使卧室美丽而生动。

2.一朵白色的鲜花纯洁而生动，微露的黄蕊更增添了无限生机，仿佛在卧室中也能闻到花香。

3.初发的柳条随风摇曳，燕子迎春归来，虽图案简单，但意境丝毫不减。

4.郁金香舞动着优美的身姿，大小点点自然弥漫，仿佛花香在慢慢飘散，使整间卧室高雅了许多。

5.彩色小菊生动自然，带来了生机与活力，作为儿童房手绘墙题材，再合适不过。

1.小草柔软可亲，小树初露新芽，云朵飘飘，娃娃与狗儿甜蜜休息，手绘墙中幸福的画面也让小主人快乐起来。

2.在转角适当绘制一棵小树，小熊与猫咪快乐玩耍，手绘的卡通画弱化了角落感，使居室更加生动与活泼。

3.粉色墙中花儿随风洒落，既生动又梦幻，为卧室带来浪漫色彩。

4.简易的笔画，生动的形象，使儿童房童趣更多，气氛更加自然活泼。

5.城堡题材也是儿童房手绘墙常用的主题，既满足了儿童的心理需求，又使居室美观大方。

1.手绘加饰品,可以使手绘墙更富有层次感,效果更突出。

2.淡蓝色的背景本身就具有安神的效果,清新的花朵与枝叶又使得卧室氛围更加宁静与自然。

3.无论从用色上,还是姿态上,这面以花枝为题材的手绘墙都散发着高贵与典雅的气质,与室内风格十分和谐。

4.以桃红色为背景,白色作画,搭配方式新颖而独特,但效果却十分突出,为卧室带来浪漫与温馨。

5.手绘占据了整面墙,一气呵成,并没有留白与其他装饰,简单又大气,令人心旷神怡。

创意手绘，让视野空间更开阔、美观

利用手绘在墙体凹面或拐角等位置作图，可以延长景深，让人产生借景窗外的错觉，让视觉空间更宽阔。特别是在较小的空间内，稍作创意，手绘墙便能发挥更大的作用，集实用与美观于一体，让空间不再狭促的同时，把大自然的美感与生机融入室内，让人仿佛置身丛林与春天中。

1. 碧海蓝天，海浪起伏，即使只是手绘，也可以让人感受到真正大海的魅力。

2. 餐厅墙面中凹出门窗的形状，继而作风景画，可以使视觉空间更加开阔。

3. 几枝花儿的手绘有效衔接了灰镜与房间门，使其过渡自然而不突兀。

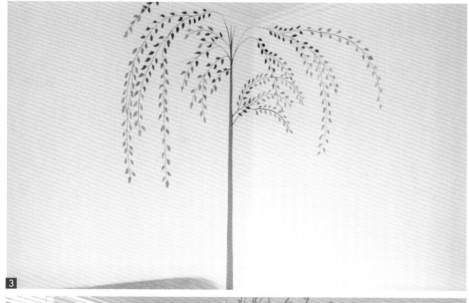

1.以乱石相衬，使手绘墙更加逼真，仿佛置身于室外。

2.在玄关过道中绘制精致的图案，让单调的空间也变得美不胜收。

3.在室内拐角绘制一棵小树，树冠横跨两面墙，弱化了角落感，也更美观。

4.微露新芽的小树为狭促的餐厅带来了可视景观，使就餐环境不再单调。

1.卡通图案的手绘墙活泼可爱，让人轻松而愉快。

2.以愤怒的小鸟为主题，同时将窗外树林借景室内，让手绘墙更富有趣味，时尚而又可爱。

3.一枝枝条垂下来，仿佛手绘的装饰窗也可以把春天引进来。

4.绿意盎然的酢浆草从门口一直蔓延到室内，仿佛进了家门也可以生活在真实的大自然中。

5.朴实的编织篮与手绘墙搭配，让空间更显田园气息。

1.在过道的墙面绘制整面手绘墙，仿佛从室内通向了室外，让空间显得更加宽敞怡人。

2.在装饰性窗户上绘制帆船远航的图案，仿佛拉开窗帘就见到了大海，令人欢喜。

3.城堡小镇，夕阳余晖，在居室内，也可以通过手绘感受童话般的意境。

4.阳台侧墙绘制精美的图案，通常以自然风景为题材，可以使小空间的阳台在视觉上更加宽敞与明亮。

手绘与实物搭配，效果更逼真

在表现植物、自然景色或卡通动漫题材的手绘墙中，若是搭配少量实物点缀，便会起到画龙点睛的作用，效果更为突出。如，在表现春天的手绘墙前，摆放几盆花儿，画内画外相得益彰、互为呼应，就会产生以假乱真、真假融合的效果。再如儿童房中绘制卡通手绘墙，与室内卡通玩具融为一体，更加活泼自然。

1.森意十足的手绘墙，搭配栅栏与竹柏，仿佛真的生活在大树枝上的房子里。

2.悬挂的花束无论在风格上还是色调上，都与手绘墙相一致，也使得手绘墙效果更加自然。

3.欣欣向荣的向日葵，自然而又逼真的栅栏，再配上几株盆栽，一眼望去，真亦假也假亦真。

4.鲜花、干花、手绘花，相互呼应，让居室清新雅致又自然。

1.盆栽是植物题材的手绘墙最常用的搭配，它可以使画中的植物更加自然与逼真。

2.圆润流畅的花枝盘绕在门洞上方，与两侧的绿植相互呼应，融为一体。

3.梅花手绘墙本身就具有雅致傲骨的气质与情结，搭配兰花插花，就更显清新脱俗。

4.黄色系的玉兰花与同色系的沙发相呼应，共同营造出暖意的家居环境。

　　1.手绘墙中的童话女孩大方而自然，室内的其他玩偶相衬，使其更加逼真。

　　2.实木栅栏的使用，使手绘图案更加真实，而常春藤与小菊也仿佛就是手绘风景的一部分，十分自然。

　　3.手绘中一名孩童投篮，设计师奇思妙想放置了真实的篮筐，既真实美观，又为卧室带来了青春与活力。

　　4.手绘图案与精致的饰品或工具搭配，既美观又实用，还使得室内氛围更加活泼与自然。

壁炉墙

壁炉墙，指壁炉就墙壁砌成，起源于西方家庭或宫殿，有装饰作用和相当的实用价值，在北欧普及程度极高，并逐渐流行于国内。室内装饰中常广泛应用壁炉墙，设计并营造出温馨宜人的居住环境，可根据不同风格的分为：芬兰风格、俄罗斯风格、美式壁炉、英式壁炉、法式壁炉、西班牙风格等，造型各异。

壁炉墙为现代家居增添古典意境

人类利用火的文明可以追溯到一百多万年前，而壁炉起源于古代西方家庭或宫殿取暖设施，雏形则可以追溯到古希腊和古罗马时代。经历悠久历史的变迁，让壁炉墙自带神秘韵味，古典优雅。在现代客厅中设置一面壁炉墙，就足以增添整个家居的古典意境，让人在无形中感受古老文化的神秘力量。

1. 仿古文化墙与精致高档的壁炉搭配，使简约时尚的客厅中透着悠远的古韵气息

2. 选用古铜镂花的围合壁炉，为客厅增添了古远典雅气质。

3. 精美的浮雕、古铜系的色调，都使壁炉墙看起来高档又深邃。

4. 以白色为背景，打造一面装饰性壁炉墙，使空间大气又高贵。

1.电火壁炉既保留了古典壁炉的气韵，也更符合现代人的生活方式。

2.古香古色的文化石，深邃又神秘的黑色壁炉，与周围空间的其他装饰对比鲜明又和谐统一。

3.在装饰性壁炉中放置一收纳筐，既合理利用了空间，又新颖自然。

4.独特的造型，精美的做工，一面完美的壁炉墙，可以为整个家居带来优雅的古韵气质。

1.仿古红砖饰面,自然又亲切,而壁炉内的木桩设计更是为居室增添了远古气息。

2.雅致复古的壁炉设计,搭配古香古色的沙发桌椅,使小小的客厅内充满了浓浓的古典欧式风情。

3.利用现代手法,将壁炉改造设计,使其既拥有旧式壁炉的文化气韵,又能完美地融入现代家居中。

4.在壁炉门上恰到好处地做一些修饰,可以使空间内立增神秘悠远之感。

5.白色文化石为背景,干枝花艺做点缀,壁炉墙不仅可以悠远复古,也可以时尚又优雅。

1.现代家居中，壁炉不仅承担着取暖的作用，更是客厅风格塑造的重要手法。

2.白色的石膏墙洁白且优雅，使壁炉在神秘中多了一分柔和。

3.纯装饰性壁炉墙可以使居室元素更丰富，组合更完整。

4.复古青石为背景，精致的饰品作点缀，壁炉墙的存在使整个客厅充满了浓浓的异国风情。

壁炉墙是欧式家居中举足轻重的元素

　　壁炉起源于欧洲，流传于欧洲，无论古典欧式家居，还是现代欧式家居，壁炉墙都几乎是必不可少的元素之一，也是欧式风情的重要体现，在欧式家居中占据举足轻重的位置。在中国，虽不常用壁炉取暖，但在欧式风格的家居中，也常常置一面以观赏性为主的壁炉墙，以保证欧式韵味的纯正。

　　1.一款简洁大气的壁炉墙，可以提升整个客厅的品质。

　　2.在高档奢华的欧式家居中，壁炉墙几乎是必不可少的元素之一。

　　3.花岗岩打造的壁炉墙，稳重大气又不失精致。

1.在新欧式家居中,一面优雅的壁炉墙既可以保证欧式风格的纯正,又为客厅带来了时尚气息。

2.精致大气的棕色壁炉使奢华的客厅又增添了几分高贵。

3.简单大方的设计,精美无瑕的品质,使壁炉墙又为客厅的增添了华贵气息。

4.有时,壁炉墙的设计不必多么奢华,最简洁的往往更彰显品质。

5.精美的做工,高档的品质,壁炉墙不仅仅是装饰,更是一种艺术。

1.壁炉与西方油画组合，是欧式风格家居中常见的搭配方式之一。

2.壁炉与镜子巧妙搭配，使古老的家居元素也充满了时尚与优雅。

3.奢华大气的欧式别墅家居中，壁炉墙是客厅中举足轻重的设计之一，它关系到整个客厅的品质。

4.高端的镜面装饰是打造奢贵华丽壁炉墙的常用的手法。

1.从下至上的红砖装饰十分具有视觉冲击力，复古又时尚，使壁炉背景更上档次。

2.光泽大理石装饰的壁炉墙精美大气，提升了整个客厅的品质。

3.无论是高档华贵的壁炉，还是铂金装裱的昂贵油画，都使整面壁炉墙充满了奢华高贵气息。

4.利用石膏线装饰壁炉墙，既节省造价，又能取得理想的装饰效果。

完美无瑕的壁炉墙是高端家居品质的细节体现

　　壁炉这个室内空间的取暖设施，随着社会的发展变迁，凝聚在其身上的实用功能已逐渐退居次位，而演化成为一种身份、地位与格调的象征。壁炉墙的装饰在一定程度上也反映了整个家居的品质，凸显了主人的品位与尊贵。一面完美精致的壁炉墙，是高端欧式家居的必需品。

　　1.利用木板装饰壁炉外围，可以使壁炉墙更加随和亲切，同时又不会降低观赏价值。

　　2.精美奢华的壁炉墙是高档欧式家居中必备元素，可以彰显居室的完美与华贵。

　　3.现代式家居中，壁炉墙的装饰性功能越来越重要，设计时应注意其与整个家居风格的融洽与和谐。

　　4.精湛的做工是衡量高端壁炉必备的品质，也是客厅完美细节的体现。

1.以瓷砖作为壁炉的背景，既新颖又清新自然，低调中彰显居室品质。

2.整面壁炉墙大气又华贵，是客厅中主要的可视景观，彰显出主人高贵的身份与非凡的品位。

3.雕花红木使壁炉墙充满了文化古韵，精美的细节衬托出客厅的完美品质。

4.利用现代设计手法完美诠释了壁炉这一古老的居室元素，使客厅既美观大方，又富有韵味。

5.棕红的实木背景、自然古朴的文化石装饰、时尚现代的金属饰品、还有编织沙发，众多的元素糅合在一起，打造出完美的客厅空间。

1.梯形的青石装饰使整面壁炉墙古朴而自然，是客厅设计中浓墨重彩的一笔。

2.简洁大气的设计更符合现代居室的风格要求，风景画的摆放使壁炉墙富有自然清新的气息。

3.折线形底座设计美观又新颖，而木桩的摆置让客厅生活气息更加浓厚。

4.将壁炉融入现代式家居中，既保留了原始的欧式风情，又使空间更简约时尚。

1.粗犷大气的文化石壁炉墙张力十足，使简约风格的家居更加时尚。

2.造型多样、设计方便灵活的文化石是现代家居中壁炉墙常用的装饰元素之一，可以使家居空间更自然亲切。

3.带有进深的壁炉层次感丰富，样式简洁大方但不失时尚，非常适用于现代家居。

4.壁炉设计简单大方，与鲜花搭配，令空间更优雅自然。

美观又时尚的壁炉墙大大
提升客厅品位

壁炉墙的材料、形式十分多样，可供选择性十分广泛，有的简单大方，有的精致奢华，是体现客厅风格的重要元素。一面美观又时尚的壁炉墙，可以为整个客厅增彩加分，又会增添主人会客和家人团聚的气氛。

1.壁炉墙高档大气，再以绿植搭配掩映，打造出清新自然又不失品质的完美客厅。

2.将壁橱嵌入墙体，既节约空间，又可使居室空间更干净利落。

3.黑白色调的壁炉墙搭配竹制背景，自然又和谐。

1.淡黄色的背景墙温馨明朗，朝阳洒在简洁大气的壁炉上，使整个客厅十分温暖。

2.使用大型鹅卵石装饰壁炉墙，既简单自然，又不失大气。

3.黑白搭配是永不落伍的潮流，在壁炉设计上也是如此。

4.复古砖与实木装饰壁炉，使其自然而亲切，再以风景画搭配，使整个客厅充满了田园气息。

5.壁炉与风景的色调一致，均为天蓝色，使客厅整体风格更为大气。

1. 白色与金属色搭配，使壁炉更显高端大气，旺盛的炉火图案让客厅温暖洋溢。

2. 此处壁炉仅具装饰性功能，深度较浅，节约空间的同时，使客厅更加美观。

3. 液晶显示屏的壁炉观赏效果更为美观，也更符合现代社会的审美需求。

4. 纯色系搭配与大面积的空白使壁炉墙更时尚大气，与空间的整体风格十分融洽。

5. 将传统壁炉加以改变设计，保留经典的"火"元素，让客厅保留文化底蕴的同时，更时尚现代。

1.壁炉墙与电视背景墙整合在一起，既节约空间，又不减韵味。

2.利用现代设计手法对传统壁炉稍加改变，便可以使其完全融入现代式家居中。

3.现代家居壁炉墙设计在保留壁炉的形式同时，更应该注重其观赏价值以及与其他家居元素的风格联系。

4.黑白色调的壁炉古典大方，再搭配一束百合，优雅气息扑面而来。

壁炉墙，实用与美观兼具

在中国，壁炉仅在少量别墅中供取暖用。但随着壁炉墙的流行，也出现了装有电壁炉等具有实用功能的壁炉墙。有些壁炉整合了烤炉，用于烤面包、比萨、烤肉等，别有一番风味。有些壁炉墙采用灯光效果，使炉中的炭景直观逼真，可以欣赏到神奇的火焰效果。总之，随着科技的发展，壁炉墙的实用功能与观赏功能越来越普遍，越来越强大。

1.文化石、木装饰、风景画使整个壁炉墙充满了自然气息，兼做电视背景墙，美观又别致。

2.装饰性壁炉用来盛放绿植，既美观，又有趣。

3.高端复古的壁炉墙，既是客厅的主景，又是联系客厅上下空间的纽带。

1.在转角设计一面壁炉墙，弱化了直角，也使客厅元素更加丰富。

2.集电视墙、壁炉墙、饰品墙为一体，节约了空间，又不失美观。

3.现代式家居中，壁炉也可设计为微波炉烤箱，既美观，又实用。

4.复古样式的壁炉墙，本身就是艺术，也是摆放饰品、装饰客厅的好地方。

5.仿古瓷砖使壁炉更具有年代感，而陈置的木灰使其生活气息更加浓厚。

1.此处壁炉既是传统文化的载体，又是具有实用功能的家具，一举两得。

2.竖向设计的壁炉墙精美丰富，以绿植点缀，使客厅更富生机。

3.壁炉墙的设计打破了墙体的单调，令客厅更加美观大方。

4.壁炉墙进深有致，富有层次感，使客厅自然又大气。

饰品墙

　　饰品墙指在家居装饰中，开辟出一处或几处墙面，利用隔板、挂钩、墙贴等工具来摆挂饰品，以达到美观装饰的作用，让空间更具生活气息。饰品墙中常用的摆挂有手工艺品、陶瓷、玩偶等，可以是淘来的或者已收藏的，也可以现场 DIY，情调十足。在崇尚自然的今天，饰品墙迅速成为年轻人的家居宠儿，在家居装饰市场掀起一阵潮流。

具有收纳功能的饰品墙美观
又实用，令居室更整洁

　　具有少量收纳功能的饰品墙，可以放置一些美观可爱的小物品，兼具美观与实用，既装点居室，让家居生活更富有情趣，又可以合理利用空间，节省场地，使居室为整洁有序，是理想的美化空间的重要装饰。

　　1.电视背景墙既是饰品墙又兼具收纳功能，整洁又美观。

　　2.实木的圆扇形饰品既古朴又自然，搭配现代式家具，让客厅时尚又贴近生活。

　　3.浪漫温情的饰品墙让室内风格更明显，更自然。

1.瓷盘与花鸟画是饰品墙常用的搭配元素之一。

2.玻璃窗扇使厨房更加通透，而由此打造的饰品墙明朗而又浪漫。

3.连挂钩都是可爱又大方，让饰品墙更具有情调。

4.复古的色调，充满童趣又精致无比的饰品墙让居室更迷人。

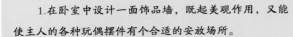

1.在卧室中设计一面饰品墙,既起美观作用,又能使主人的各种玩偶摆件有个合适的安放场所。

2.五颜六色、各种形状的包包,自然随意地悬挂组成一面饰品墙,既具风情,又使卧室整洁又舒适。

3.便利贴、小挂件,各种生活小用品组成的饰品墙营造出轻松又温馨的卧室氛围。

4.床头的油画与小玩偶使卧室在大方典雅中又透着些顽皮,这也是主人性格的体现。

1.田园风格的家居中,饰品墙的装饰元素也是自然又让人惬意的。

2.在摆放饰品的壁橱下方安装一排挂钩,既不影响美观,又可方便生活。

3.逼真的大海鱼、优雅的铁艺灯,每一个精致细节都让饰品墙更加完美。

4.利用本身就具有浪漫欧式风情的铁艺架来收纳饰品,是再合适不过的了。

趣意横生的饰品墙使居室
空间更具风情

饰品墙的风格多样，或可爱活泼，或温馨浪漫，或端庄优雅，或搞怪个性。一面趣意横生的饰品墙可以活跃空间氛围，打造各式风情，让家居空间情调十足，在田园风格家居与儿童房、女儿房等空间应用十分广泛。

1.典雅大方的茶具既是生活必需品，也是饰品墙的装饰用品。

2.人造仿树枝呈渐高趋势，搭配彩色容器，十分具有设计感。

3.古香古色的钟表，标本是装饰照片，让家居生活更贴近自然。

4.采用铁艺自行车装饰墙体，搭配一束干花，自然又形象，营造出如梦境般的优美画面。

1.以布艺编织品装饰沙发背景墙，搭配相同色系的抱枕，美观又自然。

2.昏黄的灯光、极具特色的收藏品，使整个空间风情十足。

3.不同大小形状的镜面组成的饰品墙，使餐厅也充满了时尚气息。

4.糖果色的盘子组成的沙发墙，让整个客厅仿佛都弥漫着甜甜的味道。

1.蓝白搭配使空间干净又整洁,装饰性窗户意趣横生,营造出轻松愉悦的就餐氛围。

2.铁艺搭瓷盘,是十分美观又百搭的装饰品,用在餐厅内,可以使餐厅更具风情。

3.大小不同的系列瓷盘组成饰品墙,清新自然又带着些许优雅,十分美观。

4.饰品墙优雅又富有趣味,营造出富有情调的小憩氛围。

1.黑白搭配的背景，抽象炫彩的装饰品，使卧室个性十足。

2.采用大幅具有民族风情的布艺品装饰墙体，大气自然又干净利索。

3.古香古色的铜质花样饰品与古铜色床架相结合，使整个卧室都充满了浓浓的欧式复古风情。

4.艺术油画与铁艺品是现代简约家居中常用的装饰物，简洁大方，又为居室增加艺术气息。

5.利用夸张搞笑的玩偶与文化石搭配，既自然大方，又充满童趣。

饰品墙是展示收藏的好场所

收藏是许多现代人的一大爱好，而饰品墙则成为主人绝佳的收藏展示场所。瓷器、编织物、手工艺品等等，都可以在饰品墙中展现它们的魅力，既合理利用了空间，又便于主人观赏，同时又为空间增添了可视性。此外，饰品墙中的收藏品易移动，可随时更换，便于变换格调，十分方便。

1.砖饰背景、复古瓷盘，还有活泼的鱼群饰品，都使客厅自然又大气。

2.复古的不平整铜镜，搭配天蓝色布艺沙发，令居室氛围舒适又温馨。

3.不规则形状的饰品墙、充满艺术情调的白色灯光，都使饰品更加高档与美观。

1.石膏人脸模型与抽象装饰画搭配，打造出一面个性又时尚的沙发背景墙。

2.饰品墙中摆放的一系列青花瓷作品，既美观，又显示了主人的兴趣与爱好。

3.利用一组装饰性蜡烛打造饰品墙，简单大方，又毫不逊色。

4.各类形状大小的装饰盘组合设计为沙发背景墙，十分优雅与现代。

1.钟表、瓷盘与铁艺，每一个饰品都精致完美，让餐厅更富有情调。

2.盘子作为装饰品，美观又百搭，适用于各种风格与场合。

3.实木的装饰窗格，与夸张的大型铲子，搭配古香古色的瓷盘，让餐厅自然又舒适。

4.单纯的用几只钟表做装饰，既简洁又和谐统一，毫无违和感，可以为居室的品位加分。

5.有时，饰品墙采用简单的重复，不但不会单调，反而更加时尚。

1.夸张可爱的玩偶，简单又不失情趣，是儿童房饰品墙常用的装饰品之一。

2.刀刻装饰画复古又具有浓浓的文艺气息，使卧室十分优雅。

3.利用主人的收藏品做一面饰品墙，既独特别致，又可以彰显主人品位。

4.充满艺术气息的饰品墙，使整个空间都文艺起来。

5.设计饰品墙时，不应一味地追求饰品的数量，只要搭配得当，即使数量较少，也能达到十分理想的效果。

合理的饰品摆挂丰富室内景观，打造宜人家居

对饰品墙的美观效果而言，饰品的摆挂布置至关重要，它关系到饰品墙的整体效果、风格与主题。合理的饰品摆挂可以打造一面完美精致的饰品墙，丰富室内景观，让家居环境更宜人、更舒适，为主人带来清新自然的好心情。

1.紫色代表着浪漫，作为饰品墙的主调，既能与整体空间色调融合，又能为居室带来罗曼蒂克式的风情。

2.实木与文化石组合，再搭配极具地方风情的饰品，风情味十足。

3.简单的两组青花瓷盘，搭配一面简单但精致的镜子，就足以让空间大大增彩。

　　1.文化石、实木与油画、摆件共同打造出一面自然又情调十足的饰品墙。

　　2.设计饰品墙时，应注意各饰品间的体量关系。

　　3.在灰色系的墙体中，饰品的颜色也不应过于热烈，简单自然最好。

　　4.各类饰品搭配合理美观，使整个客厅自然又充满情趣。

1. 简单一排白色壁灯，搭配一束紫色鲜花，就让整个空间优雅又浪漫。

2. 盆栽与瓷器组合，清新脱俗，带给人不一样的感受。

3. 田园家居中，采用带有田园色彩的饰品用来装饰再合适不过了，既切合主题，又独具风情。

4. 盆栽、小天鹅，都使饰品墙充满了情趣与生机，使餐厅氛围更加轻松愉悦。

1.自然而又富有创意的饰品可以使人心情愉悦又放松。

2.优雅的壁纸搭配清新又富有特色的瓷盘，使空间精致又美观。

3.黑色的塑质小树与蝴蝶，既美观，又使室内生机自然，十分惬意。

4.厨房中，用漫画装饰拐角，既美观大方，又让人感觉到主人对生活的热爱。

5.极富特色的饰品墙综合了东西方的文化元素，使空间既现代，又富有文化韵味。

巧搭饰品墙，让空间浪漫又温馨

在进行饰品摆挂布置时，应注意各饰品风格、体量和数量的关系，尽力让尺度、感官效果更亲和。可以选择同类饰品组合，如一组瓷盘古香古色，可以体现出浓厚的文化底蕴，而一系列光泽金属飞鹅，既现代又灵动；也可以选择不同种类的饰品进行搭配，如装裱的艺术画与编织品搭配，再配上一束干花，田园艺术感十足。

1.金属材质与镜面相结合，使饰品墙充满了现代气息，时尚又大气。

2.海鱼、救生圈、蓝白色调的组合，种种细节都让人感受到地中海风情的迷人魅力。

3.蓝色的背景下，海星与手绘照片相搭配，清新又自然。

1.可爱的小摆件与甜蜜的婚纱照摆放在一起，使整个空间弥漫着幸福的味道。

2.金属饰品质感十足，大气而优雅，大大提升了家居品质。

3.在灰色基调的客厅中，摆放一些带有金属光泽的小饰品，点亮了空间。

4.以圆形镜面为中心。其他小镜面成放射状散射，个性十足，使沙发背景墙不再单调。

1.装饰性窗户美观而富有生机，搭配玩偶饰品，营造出轻松的就餐氛围。

2.编织品与艺术画相结合，为餐厅带来一股文艺风。

3.浅色的色调，可爱清新的小摆件，搭配镜面组成的花形图案，令卧室温馨又浪漫。

4.青花瓷元素的饰品，不仅大量应用在中式家居中，也越来越多地出现在欧式等家居中。

1.以地图为题材的照片彰显出主人的大气与稳重，而盆栽形状的装饰物又体现出主人平和的心态与热爱自然的胸怀。

2.实木颜色的背景下，一排白色鱼儿仿佛在自由地游动，生动而又活泼，令居室氛围更轻松宜人。

3.铁艺饰品是欧式家居中最常见的饰品之一，它可以使居室更显优雅。

4.碎花壁纸自然又清新，圆形饰品精致而优雅，十分搭配。

家居墙面设计提案

1.富有特色的饰品永远可以成功吸引人们的目光，也能为家居品质加分。

2.仿真的花枝与活泼的海星为空间带来生机，使氛围更加愉悦轻松。

3.温馨的家庭照、雅致的瓷盘挂件，都使小空间情调十足。

4.编织网与布艺品使饰品墙格调优雅自然，展现出主人对生活的热爱。

植物墙

  植物墙，简单地说就是将植物种植、安放在垂直表面（如墙面），以一种自然环保的形式装饰墙面。植物墙具有降噪、隔热控温、调节空气质量等多种环保功能，又有葱茏的色彩，给人以舒适与美感。由于其崇尚美观高雅，推崇环保自然，持久耐用，易拆易换，兼具功能性及实用性于一身，堪称营造最佳生活环境的典范，让居室田园情调十足，得到了世人的广泛认可。

植物为居室增添生机与绿意

在家居中设置植物墙，摆放花草，可以将大自然的生机与绿意搬进室内，让室内空间充满生机与活力，使人更亲近自然。此外，设置植物墙，将植物搬进室内，可以亲眼观测到植物的生长过程，见证其点点滴滴的变化，可以近距离感受到生命的神奇力量，感叹大自然的鬼斧神工。

1.简单的两盆常春藤就让电视背景墙活了起来，充满生机与活力。

2.沙发上方设计隔板，用来放置小型盆栽，既美观又活泼。

3.复古的文化石，搭配蔓性盆栽，让空间氛围既自然又透着宁静。

1.电视两旁的两盆植物生机盎然，为客厅带来了绿意与清新。

2.植物相对于其他装饰，应用起来更加灵活多变，可高可低。

3.利用复古砖打造出院落的造型，再用植物装点，造型美观又别致，韵味十足。

4.藤蔓、灯光与玩偶，营造出温馨又浪漫的家居空间。

5.各式各样的盆栽组合在一起，色彩绚烂，可以使客厅氛围更活泼、热情。

1.先做一面墙打底，再种上简单绿植仿制户外爬满自然植物的墙面，很有心机的小设计。

2.繁密茂盛的植物墙让餐厅充满了绿意，仿佛身在自然之中。

3.攀爬的、坐地的、悬挂的，多样形式的盆栽将空间装点得生机盎然。

4.真实盆栽与大型手绘郁金香遥相呼应，大气又美观。

1.单调的卫生间里多了两盆小型盆栽，立生绿意与生机。

2.编织物与鲜花是家居中常见的搭配，是最自然最惬意的组合。

3.悬挂的绿藤红果都让居室更加清新自然，虽然是假枝，但仍然带来了生机。

4.植物丰盈，绿意盎然，营造出浪漫自然的小巧生态圈。

植物墙的应用灵活又方便

　　植物墙设计灵活，丛林式、春天式，大面积应用、小面积点缀等形式等十分多样，可以依据主人的喜好与偏爱进行设计摆置，加之植物本身大多栽植于盆钵，移动、更换十分方便，且价格选择广泛，预算跨度大，使得植物墙应用更加方便灵活，成为现代家居的潮流。

　　1.绿意葱葱的植物搭配白色的实木槽，纯净而自然，既生机盎然，又宁静悠远。

　　2.原始自然的墙面上爬满枝蔓，别有一番风趣。

　　3.白色格栅的衬托下，植物更显生机与绿意，让人感叹生命的神奇。

　　4.绿意盎然的小植物搭配精致优雅的白色瓷器，别有一番风味。

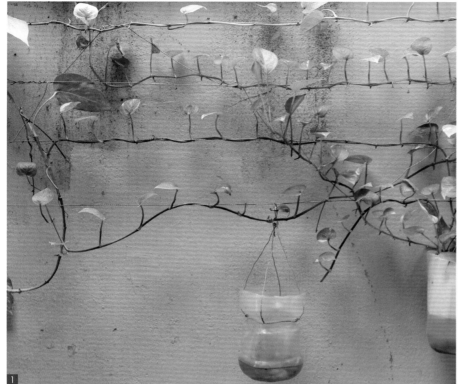

1.随铁丝蔓延的绿萝可爱生动,让墙体不再单调乏味。

2.盆景虽小,却蕴含着极大的能量,让整个墙面生机又自然。

3.橙红的植物槽与绿色的芦荟色调差异较大,使居室更加活泼。

4.各种颜色的草花自然悬挂在墙上,美丽又自然,为单调的灰色墙体带来生机。

利用多种植物搭配打造田园家居

在设计植物墙时，可以选择单一物种进行重复设计，也可以选择多种植物进行搭配。在搭配时，应注意其体量、质感、颜色上的协调对比，努力做到少而精致、多而不乱的效果，让每一种植物都发挥其最大的观赏价值，并创造不俗的整体效果，让人眼前一亮，仿佛置身于田园。

1.仿真植物搭配手绘墙，可以使效果更逼真、更自然。

2.木支架、复古灯、绿意葱葱的小盆栽，将阳台打造成放松身心的惬意平台。

3.将盆栽用作阳台休闲区的小装饰，心思精细，更呈现出别具一格的家装效果。

1.种类多样、形式丰富的各式盆栽将家庭院落装点得悠远而宁静。

2.高低错落，绿意丛生，在家居角落也可以打造出森式氛围。

3.以植物为主景，将露台打造成自然惬意又浪漫的花园平台。

4.小小的阳台上，摆满了花儿，不同颜色的花朵争相开放，营造出属于自己的后花园。

多彩的花朵为主人带来愉悦的好心情

在家中设计一面植物墙，栽植各种花花草草，不仅具有较大的观赏价值，更会为主人带来身心上的愉悦。首先，每天与美丽的花草共处，享受身处大自然般的美妙，心情自然阳光愉悦。其次，每天用心打理植物、感受生命的本身就是一种减压放松，为主人带来好心情的同时，更利于主人的身心健康。

1.朵朵绽放的花儿，为空间带来无限生机，让人感叹生命的魅力。

2.竹制格栅上布满了植物，绿意葱葱，鲜花怒放，趣意横生。

3.一盆粉红的月季绽放在厨房窗台，带给主人一天的好心情。

4.干花与真实植物相搭配，既美观又逼真，营造出惬意优雅的小资氛围。

1.整齐自然的植物槽，初花待放的郁金香，即使离得很远，也仿佛能闻到花的芳香。

2.各类兰花整齐摆放，既是观赏，也是收藏，让家居生活更加雅致。

3.小小的盆栽就可以让整个空间生机盎然，仿佛连墙体也活了起来。

4.五彩缤纷的花朵装点了空间，让居室不再单调乏味。

植物与其他饰品相搭配，让墙体更加丰富与美观

在设计植物墙时，可以适当与其他饰品相搭配，如选择别致的花钵，搭配精美的玩偶，或者与其他灯饰、手工艺品搭配，使得墙体景观更加丰富，让生活气息更加浓厚，创造独特自然的家居空间，用心感受品质生活。

1

1.精致完美的植物容器也是打造时尚家居不可或缺的重要元素。

2.别出心裁地利用铁艺架悬挂水培植物，创意十足，又美观精致。

3.两束绿色装饰物为庄重典雅的家居带来些许绿意与自然。

2

3

1.原木形状的支架，自然纯朴，绿油油的盆栽让这个角落充满了活力与生机。

2.饰品、手绘与植物搭配，营造出清新自然又富有趣味的家居氛围。

3.除了绿植，连盆器也活泼有趣，十分值得观赏与玩味。

4.小玩偶与相同体量的盆栽搭配，可以使空间更富有趣味。

1.蔓状的铁艺架十分具有质感，繁茂的花儿将墙体装点得自然而宁静。

2.盆栽花架与雕塑相结合，大气又自然，是十分值得借鉴的方式。

3.色彩绚烂的草花、自然手工的编织花器以及简易古朴的工具，都让这个角落充满了生活气息。

4.糖果色的容器让植物墙更活泼有趣，生机十足。

5.编篓悬挂的小盆栽，虚纱浪漫的文竹让空间顿生生机，十分自然。

收纳墙

　　收纳墙是指充分利用墙面空间，为居室开辟更多收纳功能的墙面，让纷乱杂物无处逃遁，从而使整个空间显得齐整而宽敞。不仅如此，设计巧妙的收纳墙还可以成为居室装饰的一部分，装饰性与功能性兼备。无论是简单的隔板，还是富有创意的洞洞墙，或者编织袋，都可以为收纳墙添姿增彩，收纳墙的灵活性与实用性使得其广泛被大众所喜爱。

根据客厅风格打造不同风情的收纳墙

在客厅内设计收纳墙时，应根据家居风格确定收纳墙的风格，以保证收纳墙与整体家居风格统一和谐，避免扰乱原有空间氛围，因小失大。例如，田园风格的家居中，收纳墙应自然亲切，而现代家居中收纳墙则应简洁大方，设计感较强。

1.实体砖墙与实木打造的收纳墙，充满了复古的味道，可以让家居更自然古朴、富有韵味。

2.只要设计合理大方，摆放电视的家具也可以成为很好的收纳空间。

3.淡黄的色调，整齐的书籍，都让客厅散发着典雅又高贵的气质。

4.将收纳墙变为展示收藏的场所，既大气美观，又彰显主人身份。

1.沙发背景墙中也可以设计一块隔板用来收纳,既美观,又实用。

2.壁画与收纳墙相结合,可以让沙发背景更富有层次感。

3.在收纳墙中摆放绿植与饰品,可以提高客厅的品质,增添典雅气质。

4.石榴红的大背景,简单大气,搭配原木色的收纳橱,使其时尚而又自然。

5.独具匠心的收纳墙呈现悬挂式垂落,十分具有意境,提升了客厅品质。

1.白色的壁橱与浅灰隔板搭配，纯洁典雅，与客厅风格融洽统一。

2.棕白搭配，十分具有视觉吸引力，而隔板与壁橱的搭配也十分和谐，共同打造出简洁又时尚的家居风格。

3.开放式、半开放式、封闭式，三种形式的收纳组合搭配，大气又美观。

4.电视背景墙直接设计成格栅形式，十分简洁，但又透着时尚。

1.壁橱搭配灯光，美轮美奂，更彰显完美的家居品质。

2.将电视背景墙打造成兼具收纳与观赏功能的空间，可以提升客厅品位。

3.对称式布局可以使家居空间显得更加典雅端庄，灰色的色调也十分上档次。

客厅中的收纳墙可以作为书柜来使用

对于拥有大房子的人来说，单独的书房轻易便可得到。但对于拥有小房子的普通人家来说，单独辟出一个书房就有些奢侈了。因此，在没有客人来访的时候，客厅就可以充当起书房的角色。不妨利用客厅中的一面墙来作为书架或书柜，将家中的书籍收纳在此，也充分利用了空间的功能。

1.隔板、壁橱、台桌都利用为收纳空间，居室虽小，却也整洁温馨。

2.独具匠心的收纳墙、整齐的书籍与清新的饰品，都为居室增添了田园气息。

3.将书籍、饰品相结合，可以使开放式收纳橱更美观，更富有趣味。

1.沙发背部设计一面收纳墙，实木与编织筐搭配，具有实用功能的同时，可以令家居更自然。

2.圆角的收纳墙可以带给人亲切感，实木的隔板使客厅更显自然。

3.琳琅满目、整齐划一的书籍也成为客厅的一景，生活气息与书香气质兼具。

4.洁白无瑕的色调，简洁大方的设计，完美精致的细节，小小的收纳墙也可以体现整个家居品质的高低。

5.地橱体积较小，又不会喧宾夺主，作为客厅的辅助家具最合适不过。

1.采用玻璃金属等材料打造的收纳墙充满了现代感，使客厅更加时尚。

2.将电视背景墙设计为书橱，新颖实用，别具一格。

3.除了隔板，连沙发靠背也开发为收纳空间，既节省了空间，又为居室增添了美观性。

4.灰色与白色收纳橱相结合，有效衔接了不同空间，又丰富了居室色彩。

5.书籍是主人品位与学识的重要体现，在客厅中设计一面收纳墙，用来摆放书籍，十分典雅。

1.收纳墙的设计简单大方又实用，与空间其他家具风格一致，和谐统一。

2.凿墙打造收纳墙，既节省空间，又独特美观。

3.沙发背景墙设计为白色的收纳墙，与灰色的沙发形成鲜明对比，既实用，又美观。

4.在客厅内侧，设计一面层次丰富、创意十足的收纳墙，让家居空间更时尚现代。

餐厅中的收纳墙具有强大功能且令居室更整洁

餐厅中的收纳墙既美观大方，又具有极其强大的收纳功能。例如，将收纳柜设计在墙身内，可以节省大量空间，令居室更加整洁，为主人创造出干净清爽的居家氛围。另外，体量不大的收纳柜则在中小户型中广为流行，成为节省家居空间的一种潮流。

1. 将餐桌上方设计为杯碗架，有效利用每一处空间，使小型家居也可以整齐又舒适。

2. 实木隔板搭配浅黄色壁纸，十分自然，让整个空间都充满了田园气息。

3. 通透的收纳墙既可以隔离空间，又能保持连贯性，收纳橱与座椅结合，更是节省了空间。

1.复古的色调、典雅的收藏，都使餐厅自然而又富有韵味，田园气息浓厚。

2.玻璃与镜子结合打造的收纳墙既通透，又明亮，为餐厅带来不一样的风情。

3.餐厅中，在不同高度设置错落有致的隔板，既自然，又整洁。

4.砖红色的拱门状收纳墙古朴又自然，散发着浓浓的欧式复古风情。

1.蓝白搭配令居室弥漫着罗曼蒂克的地中海风情，让空间氛围更加轻松愉悦。

2.收纳墙简单但十分优雅，所摆放的饰品也颇具风情，打造出完美自然的家居品格。

3.蓝白色调使空间干净自然，拱门的造型收纳墙与餐厅中窗扇风格统一又融洽。

4.客餐厅中的收纳墙，具有收纳功能的同时，兼具观赏意味，设计上应该简单大方，避免华而不实。

1.隔板收纳墙简单实用，大方又自然，十分适合追求自然的田园家居。

2.居室的收纳体现在方方面面，只要心思足够，就可以营造出温馨又整洁的家居氛围。

3.利用收纳工具弱化角落感，既美观，又实用。

4.餐桌旁设计一面实木收纳墙，随意置上几幅家庭照，就可以让整个空间洋溢着幸福与甜蜜。

1.收纳墙中采用镜面装饰,既可以放大视觉空间,又彰显高档典雅。

2.实木的一体式壁橱简洁大方,端庄而富有韵味,与周围空间风格和谐融洽。

3.此处收纳橱嵌入墙体,白砖与实木搭配,创意十足,营造出自然惬意的空间氛围。

4.书桌旁设计一面收纳墙,既可以摆放书籍,又能起到装饰作用。

1.收纳墙设计简洁大方，与周围空间风格相一致，互为呼应。

2.封闭式与开放式收纳搭配，简单又大方，陈列的艺术品也彰显出家居的完美品质。

3.镶有镜面的收纳橱使其显得十分大气，精致的做工提升了餐厅的品质。

4.收纳墙不必太过于花哨，简单大方反而更能突出主体，增加居室整洁度。

5.利用灯槽与凹体造型，营造出干净纯洁的感觉，与整体家居风格十分和谐。

简洁大方的收纳墙令厨房
更加时尚

很多时候，收纳墙的样式不必过于复杂，尤其在厨房这样的空间中。简单大方的收纳墙既百搭，又不会喧宾夺主，可以充分展现物品本身的美感，反而让厨房更彰显时尚。除了收纳柜之外，厨房中最简单的收纳方式即是在墙面上设置铁艺架，用以挂放厨具等物。

1.厨房收纳的设计不仅关系到空间的整洁，更关系到做饭的心情。

2.在小空间的厨房中，合理的收纳就显得尤为重要，色调统一又古朴，十分自然。

3.悬挂式、落地式、开放式等收纳方式应有尽有，将厨房整理得井井有条。

1.一块隔板，一个实用的多功能挂钩，都可以使厨房整洁又美观。

2.厨房中，应尽可能地利用每一处角落，这样才能打造宜人又舒适的家居环境。

3.在厨房操作台上方安置收纳橱，已成为现代家居中必不可少的收纳方式。

4.厨房里采用封闭式收纳可以使空间更加美观，而S钩方便又整齐，让厨房更有秩序。

5.厨房中，多种收纳方式相结合，可以令空间更有情调。

儿童房中要将儿童玩具进行合理收纳

在儿童房中，最多的物品恐怕就是各种各样的玩具了。如果空间的面积不大，没有办法摆放过多的收纳家具，那么就可以充分利用墙面空间来完成。如采用向上借空间的方式，在房间上部墙面打造收纳柜，也可以在墙面上设计几个搁板，来摆放一些重量较轻的玩具。

1.收纳墙集立橱、柜橱、推拉式收纳箱以及开放式收纳为一体，功能齐全，十分便于整理收纳。

2.床头打造一面收纳墙，可以随手放置一些玩偶、工具或者书籍，让空间更加整洁一致。

3.将床嵌入收纳墙，既节省空间，又新颖独特，十分适合小空间。

1.床上方设计隔板用来收纳玩具等物品，既节省空间，又美观温馨。

2.收纳板组合为大小不一的不规则矩形，既整洁又自然，十分美观。

3.儿童房中收纳，不仅需要满足功能，还应生动有趣，符合儿童的心理需求。

4.床头设计一面壁橱收纳墙，可以极大地方便生活，同时，又可以节省空间。

书房中巧妙设置收纳墙，让居室充满生活情趣而不杂乱

书房中的收纳墙形式多种多样，有柜式、格栅式，甚至简单的几条木架也起到很好的收纳作用，成为别具一格的收纳墙。设计时，应考虑到其观赏性，巧妙利用收纳墙的各种形式，让收纳墙兼具实用、美观两方面功能，让书房中的书籍、饰品摆放整体，不显杂乱。

1.一体式书橱与榻榻米相结合，做旧的砖墙相衬，让整个书房自然而又舒适。

2.做旧的实木欧式收纳墙，令整个居室空间都充满着古色古香的韵味。

3.采用文化石装饰收纳墙，简约大气又自然。

1.灰色的实木收纳墙,古朴而自然,让整个空间弥漫着复古的典雅气息。

2.利用收纳墙打通书房内外,使其具有通透性,精致的做工体现出其高端的品质。

3.精湛的设计、沉稳的用色,处处彰显着收纳墙的高端品质,提升了空间品质。

4.小型空间中,收纳墙不仅要满足功能,更应该巧妙设计,做到整体大方,细节精美。

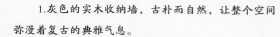

1.红棕的木色，简洁的风格，让空间充满着东方家居的神韵。

2.在收纳柜中，以灯箱隔出不同空间，又别致，又美观。

3.收纳墙与榻榻米结合设计，既节约空间，又方便实用。

4.金黄的灯光将收纳墙衬托得高贵典雅，体现出家居的非凡品质。

1.开放式的书房中，两面收纳墙兼具实用、美观与隔离功能，一举三得。

2.实木隔板打造的收纳墙，本身就具有一种自然气息，而碎花的壁纸与暗黄的灯光则令空间氛围更轻松惬意。

3.收纳墙中设计安装了壁灯，使空间更加明亮、纯洁，时尚又优雅。

4.收纳墙设计感强，整体风格落落大方又精美无瑕，彰显出家居的高端品质。

1.在书桌的背部利用隔板进行简单的收纳，既方便，又非常实用。

2.一体式壁橱，巧妙的隔板，就连书桌就具有强大的收纳功能，令居室自然而不凌乱。

3.收纳墙的设计简单而时尚，既满足了实用功能，又为书房增添了一景。

4.大小不同、自由组合的格栅，里面摆满了有趣的饰品，令整个空间充满了童趣。

5.开放式与封闭式收纳相结合，既美观，又实用。

1.白色书橱典雅高贵，完美的细节、合理的设计让书房更洁净整齐。

2.典型的欧式家居中，连收纳墙也是高端奢华，让人叹为观止。

3.欧式家居中的收纳橱常常具有雕花、纹刻等装饰，也常选用一些充满古典欧式风情的饰品作为装点。

4.纯白的色调高雅优美，为书房营造出宁静安详的氛围。

5.粉红的碎花壁纸与白色的家具令整个居室恬静又浪漫，在这里，简易的收纳墙也具有了无限风情。

小空间中的收纳墙要体现出实用性

　　对于家居中的小空间来说，杂物的收纳是一个大问题。摆放不好，不仅会使房间显得杂乱，还会占用活动空间。因此，收纳墙的科学设计就显得尤为重要。例如，在玄关中可以将收纳柜结合换鞋的座椅来设计，也可以在墙面上设计几个挂衣钩，方便而实用；而过道中，则可以利用墙身进行饰品和书籍等物的收纳。

　　1.壁橱是收纳墙的常用形式，节约空间的同时，又十分方便与灵活。

　　2.玄关的收纳既要分工明确，又应该满足美观功能，壁橱与开放式的收纳结合最适合。

　　3.玄关中，一面功能齐全、面面俱到的收纳墙不仅可以改观室内景象，而且可以极大地方便生活，提升舒适度。

　　4.玄关中的收纳柜兼具换鞋的座椅，方便而实用。

1.收纳墙的强大收纳功能，使其在小型卧室装修中脱颖而出，备受欢迎。

2.在门口设计一处集鞋柜和穿戴为一体的收纳墙，既节省空间，又为主人生活带来极大的便利。

3.在玄关的一角设计一面收纳墙，既不浪费空间，又方便生活。

4.玄关转角处，设计一个收纳橱，既可避免单调，又具有实用功能。

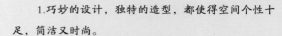

1.巧妙的设计，独特的造型，都使得空间个性十足，简洁又时尚。

2.此处收纳墙既具有收纳功能，又起了隔离作用，美观又实用。

3.用植物点缀收纳墙，让空间立生绿意，美观又自然。

4.不锈钢与玻璃组合的收纳墙时尚又个性，适合现代式家居。

1.居室的过道中设计出收纳墙和练琴处，极大地节省了空间，又十分方便生活。

2.将收纳橱嵌入墙内，既节约空间，又独具风格，新颖别致。

3.此处收纳墙位于楼梯一侧，兼具收纳与美观功能，方便生活的同时，也丰富了室内景观。

4.欧式的一体式收纳壁橱，更偏重于美观功能，使家居空间更富有品位。

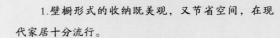

1.壁橱形式的收纳既美观，又节省空间，在现代家居十分流行。

2.收纳墙散发着浓浓的欧式风情，十分精致与完美。

3.现代家居中，收纳体现在方方面面。一个设计科学合理的鞋柜，也能让家居生活舒适很多。

4.收纳橱的表面用照片装饰，主题明显，风格独特，为家居空间增添了可视景观。

1.木格栅、小盆栽，再摆上几套精致的茶具，让整个空间自然而又温馨。

2.门扇式的收纳墙既与周围风格相统一，又独具一格，营造出轻松又活泼的居室氛围。

3.各种形式的收纳各具风格，又相互统一，营造出百变又自然的居室风格。

4.灰木色的隔板自然而典雅，摆放的诸多小物品精致又活泼，让空间氛围更轻松。

家居墙面设计提案

1.直角隔板新颖又实用，还能为中规中矩的家居风格带来变化。

2.走廊过道中，利用收纳墙摆放几本书籍杂志，让简单的空间也变得更有趣味。

3.通透的格栅收纳中摆放各式各样的车型，使空间具有了青春与活力，个性十足。

4.在楼梯口设计一面玻璃透明壁橱，既是收纳，也是展览的好地方。